CONTRIBUTIONS A LA FAUNE MALACOLOGIQUE FRANÇAISE

XVI

LES

COQUILLES MARINES VIVANTES

DE LA FAUNE FRANÇAISE

DÉCRITES

PAR G. MICHAUD

ÉTUDES CRITIQUES D'APRÈS LES TYPES DE SES COLLECTIONS

PAR

ARNOULD LOCARD

XVI

LES

COQUILLES MARINES VIVANTES

DE LA FAUNE FRANÇAISE

DÉCRITES

PAR G. MICHAUD

ÉTUDES CRITIQUES

D'APRÈS LES TYPES DE SES COLLECTIONS

PAR

ARNOULD LOCARD

PARIS

LIBRAIRIE J.-B. BAILLIÈRE ET FILS

19, RUE HAUTEFEUILLE, 19

1890

XVI

LES

COQUILLES MARINES VIVANTES

DE LA FAUNE FRANÇAISE

DÉCRITES

PAR G. MICHAUD

ÉTUDES CRITIQUES D'APRÈS LES TYPES DE SES COLLECTIONS

PAR

ARNOULD LOCARD

On doit à Gaspard Michaud la description d'un certain nombre de coquilles marines vivantes de la faune française. Ayant été à même de pouvoir étudier la plus grande partie des types originaux de cet auteur, types malheureusement épars dans les diverses collections qu'il a formées, et portant tous des étiquettes écrites de la main du maître, nous avons pensé qu'il y aurait quelque intérêt à faire connaître aux naturalistes ce qu'il en est exactement de ces anciennes formes souvent mal connues, avec les données actuelles de la science.

Ces descriptions se trouvent dans trois mémoires différents, dont les deux premiers sont aujourd'hui assez difficiles à se procurer. Le premier, publié en 1828, dans le tome II du

Bulletin d'histoire naturelle de la Société Linnéenne de Bordeaux, a pour titre : *Description de plusieurs espèces de coquilles vivantes de la Méditerranée*, p. 119 à 122 ; il est accompagné d'une planche renfermant neuf figures. Il n'existe pas de tirages à part de ce mémoire. Nous y trouvons décrites les quatre espèces suivantes :

Sigaretus Kindelaninus.	Pleurotoma Leufroyi.
Rostellaria Serresiana.	Turbo minutus.

Toutes ces formes vivent dans la Méditerranée.

Le second mémoire publié dans le tome III de la même collection, édité en 1829, a pour titre : *Description de plusieurs espèces nouvelles de coquilles vivantes*, p. 260 à 276 ; il est suivi d'une planche renfermant vingt-quatre figures. Il n'existe pas non plus de tirage à part de ce travail. Il donne les descriptions des quatorze espèces suivantes :

Scalaria tenuicosta.	Trochus rarilineatus.
Pleurotoma Philberti.	Helix Fontenillii.
— Villiersii.	Physa contorta.
— Comarmondi.	Pupa cylindrica.
Cerithium Lafondii.	Phasianella tenuis.
Crepidula Moulinsii.	Tornatella lactea.
Monodonta Belliæi.	Emarginula pileolus.

Dans cette liste, les *Helix Fontenillii*, *Physa contorta* et *Pupa cylindrica* font partie de la faune terrestre ou des eaux douces du midi de la France ; le *Cerithium Lafondii* provient des Indes ; le *Tornatella lactea* a été recueilli en Corse ; toutes les autres espèces appartiennent à la faune marine des côtes de France.

Enfin, le troisième mémoire a pour titre : *Description de plusieurs nouvelles espèces de coquilles du genre Rissoa (Fré-*

minville). La deuxième édition, de beaucoup la plus connue, a été publiée sous forme de brochure in-8, de vingt-quatre pages accompagnée d'une planche renfermant trente-deux figures. Ce mémoire imprimé à Strasbourg ne porte pas de date ; la planche a été tirée à Lyon. Nous savons que la date exacte de sa publication remonte à l'année 1832. Les espèces décrites sont les suivantes :

Rissoa tridentata.	*Rissoa fulva.*
— *Gougeti.*	— *crenulata.*
— *lactea.*	— *trochlea.*
— *grossa.*	— *Chesnelii.*
— *lineolata.*	— *exigua.*
— *fragilis.*	— *minutissima.*
— *marginata.*	— *pygmœa.*
— *cingilus.*	— *scalaris.*

De ces seize espèces, douze seulement se trouvent sur les côtes de France ; les *Rissoa tridentata*, *Gougeti* et *Chesnelii* sont exotiques ; le *Rissoa scalaris* est signalé sans indication précise de localité.

Michaud avait créé plusieurs collections dont il s'est défait successivement à la fin de sa longue et laborieuse carrière. Les plus importantes sont conservées dans les musées de Lyon et de Mâcon ; son fils, M. Élysée Michaud, en possède également une d'une certaine importance. Enfin, nous avons acquis, après sa mort, la dernière qu'il ait formée. C'est en puisant dans ces différentes collections que nous sommes arrivé à réunir les documents nécessaires pour écrire cette note.

Nous passerons successivement en revue chacun des types de Michaud en suivant leur ordre de publication.

SIGARETUS KINDELANINUS

1828. *In Bull. hist. nat. Soc. Linn. Bordeaux*, II, p. 119, pl., fig. 1 et 2.

Sous le nom d'*Helix perspicua*, Linné a décrit (1) une forme que Hanley (2) nous apprend être identique au *Coriocella perspicua*, figuré par Philippi (3). Linné n'avait, du reste, donné aucune référence iconographique à son espèce qu'il plaçait dans la Méditerranée, lors de sa douzième édition (4). A la même époque, Müller (5) identifiait cette coquille avec l'*Helix haliotidea* de Linné (6) et, en 1803, Montagu (7) la décrivait et la figurait sous le nom de *Bulla haliotidea*. En 1811 le même auteur (8) créait le genre *Lamellaria* pour deux espèces, les *Lamellaria membranacea* et *L. tentaculata*. Or, comme l'a démontré Jeffreys (9), le *Lamellaria tentaculata* n'est autre chose que le mâle d'un mollusque dont le *Bulla haliotidea* du même auteur, c'est-à-dire l'*Helix perspicua* de Linné, est la femelle.

Cette coquille du mâle est fort voisine de celle de la femelle. « La coquille du *Bulla tentaculata*, dit Montagu, est si semblable à celle du *Bulla haliotidea*, que nous avons jugé inutile d'en donner la figure, car elle ne pouvait présenter une différence, et la coquille dont elle est si voisine a été figurée dans le *Testacea Britannica*. » Pour Jeffreys, cette enveloppe du mâle, est beaucoup plus menue et plus aplatie; sa spire est

(1) Linné, 1758. *Systema naturæ*, édit. X, p. 775, n° 620.
(2) Hanley, 1855. *Ipsa Linnæi conchylia*, p. 390.
(3) Philippi, 1836. *Enumeratio molluscorum Siciliæ*, I, pl. X, fig. 5.
(4) Linné, 1767. *Systema naturæ*, édit. XII, p. 1250.
(5) Müller, 1776. *Zoologia Daniæ, Prodromus*, p. 240.
(6) Linné, 1758. *Systema naturæ*, édit. X, p. 775, n° 621.
(7) Montagu, 1803. *Testacca Britannica*, p. 211, pl. VII, fig. 6.
(8) Montagu, 1811. *In Trans. Linn. Soc. London*, XI, p. 183. — 1845. Édit. Chenu, p. 357, pl. XLIII, fig. 2, 3.
(9) Jeffreys, 1867. *Bristish conchology*, IV, p. 234.

un peu moins oblique et l'ouverture de la coquille proportionnellement plus large.

C'est sur ces données bien établies que les auteurs se sont basés pour identifier le *Sigaretus Kindelaninus* de Michaud avec le *Lamellaria perspicua* de Linné. Ce sont pourtant deux formes absolument différentes; malheureusement, ni la description, ni la figuration de l'auteur ne sont faites de façon à en bien faire ressortir les caractères.

Le *Sigaretus Kindelaninus* diffère du *Lamellaria perspicua* mâle ou femelle, d'abord par sa taille toujours beaucoup plus grande; il mesure de 15 à 18 millimètres de longueur, dit Michaud; un échantillon du Muséum de Lyon, étiqueté par Michaud, a même 21 millimètres, tandis que les plus beaux *Lamellaria perspicua* dépassent difficilement 15 millimètres. Son galbe est en outre totalement différent; le *L. perspicua* à une coquille d'un galbe plus ou moins globuleux, qui ne s'aplatit que chez le mâle, mais qui est alors de taille encore plus petite; la coquille de *S. Kindelaninus* est, au contraire, plus grande et beaucoup plus déprimée; sa spire est moins haute; ses tours moins renflés, moins arrondis; le dernier tour est beaucoup plus ample, beaucoup plus développé et, en même temps, bien moins déclive à son extrémité; l'ouverture bien plus grande et moins longue est elliptiquement allongée, non pas dans un sens oblique se rapprochant plus ou moins de la verticale, mais au contraire dans un sens nettement transversal, et qui modifie complètement le galbe de la coquille.

Cette espèce, comme l'a fait observer Michaud, vit dans la Méditerranée, notamment sur la côte d'Agde, dans l'Hérault; elle paraît fort rare. Nous l'inscrirons donc, désormais, dans nos catalogues, sous le nom de *Lamellaria Kindelanina*, qu'il convient de lui donner.

ROSTELLARIA SERRESIANA

1828. *In Bull. hist. nat. Soc. Linn. Bordeaux*, II, p. 120, pl., fig. 3 et 4.

Cette espèce, si particulièrement caractérisée, est bien décrite et bien figurée par Michaud. Il ne la signale qu'à Barcelone en Espagne, mais on la trouve, quoique assez rarement, sur toutes les côtes françaises de la Méditerranée, depuis l'Espagne jusqu'en Italie, et à des profondeurs assez variables. Jeffreys (1) l'indique même dans l'Océan; mais, comme nous l'écrit M. le marquis de Monterosato, il est probable qu'il s'agit ici d'une autre forme. Plusieurs auteurs ont donné, après Michaud, de bonnes figurations de son espèce (2).

Quoi qu'en disent MM. Bucquoy, Dautzenberg et Dollfus (3), le *Rostellaria Serresiana*, ou mieux l'*Aporrhais Serresianus*, le nom générique d'Aristote ayant la priorité, présente un certain nombre de variations qui méritent d'être signalées; outre le type dont la hauteur mesure de 40 a 42 millimètres, comme l'écrit Michaud, et non 44 millimètres comme le disaient ces auteurs, nous indiquerons une *var. minor* bien constante, dont la hauteur n'atteint pas même 35 millimètres quoi qu'elle soit parfaitement adulte. En outre, si dans le type, tel qu'il est figuré par Michaud, les digitations sont toujours bien déliées, nous observerons une autre variété dans laquelle les deux digitations les plus inférieures du bord externe, autrement dit les deux digitations qui suivent en remontant la digitation basale, sont notablement plus courtes et plus empâtées à leur base; nous qualifierons cette variété du nom de

---

(1) Jeffreys, 1885. *In Proceed. zool. Soc.*, p. 50.

(2) Philippi, 1844. *Enum. molluscorum Siciliæ*, II, p. 185, pl. XXVII, fig. 6. — Kiener, 1845. *Coquilles vivantes, genre Rostellaria*, p. 13, pl. IV, fig. 1 *(Rostellaria pespelecani*, var.), — Hidalgo, 1870. *Molluscos marinos España*, pl. II, fig. 2 et 3. — Bucquoy, Dautzenberg et Dollfus, 1884. *Mollusques du Roussillon*, I, p. 220, pl. XXIII, fig. 9 et 10.

(3) Bucquoy, Dautzenberg et Dollfus, 1884. *Moll. Rouss.*, I, p. 222.

var. crassa. Enfin il existe également une *var. ventricosa* dans laquelle le dernier tour est plus gros et plus renflé.

Dans notre *Prodrome* (1) nous avons signalé une forme toute particulière munie de six digitations et que nous considérions alors comme une variété ou une anomalie de l'*Aporrhais Serresianus;* mais aujourd'hui nous sommes certain qu'il s'agit là d'une forme absolument normale ; ces six digitations sont complètement distinctes, toutes bien régulières, bien proportionnées, régulièrement réparties, normalement canaliculées. D'autre part, le galbe de notre coquille est toujours plus gros et plus trapu que celui de l'*Aporrhais Serresianus;* en outre, son mode d'ornementation est absolument distinct, puisque sur le dernier tour nous comptons cinq cordons réguliers, tuberculeux, au lieu de trois. Dans ces conditions nous nous croyons en droit d'ériger cette forme en espèce, et nous lui donnerons le nom d'*Aporrhais Michaudi*, en souvenir de notre vieil ami.

PLEUROTOMA LEUFROYI

1828. *In Bull. hist. nat. Soc. Linn. Bordeaux*, II, p. 121, pl. fig. 5 et 6.

Le *Pleurotoma*, ou mieux *Clathurella Leufroyi*, est une des bonnes espèces créées par Michaud. Sa description est très suffisante pour bien faire comprendre l'espèce, et si sa figuration laisse un peu à désirer, d'autres plus récentes y suppléent parfaitement (2). C'est cette forme que M. le marquis

(1) Locard, 1886. *Prodrome*, p. 568.
(2) Kiener, 1840. *Coquilles vivantes, genre Pleurot.*, p. 70, pl. XXIV, fig. 3 *(Pleurotoma).* — Reeve, 1843. *Conchologia iconica, Pleurot.*, pl. XVI, fig. 131 *(Pleurotoma).* — Forbes et Hanley, 1852. *History British mollusca*, III, p. 468, pl. CXII, fig. 6, 7.; pl. RR, fig. 1 *(Mangelia).* — Sowerby, 1859. *Illustrated index*, pl. XIX, fig. 11 *(Defrancia).* — Jeffreys, 1867-1869. *British conchology*, IV, p. 366, pl. LXXXIX, fig. 1 *(Defrancia).* — Bucquoy, Dautzenberg et Dollfus, 1883. *Mollusques du Roussillon*, I, p. 95, pl. XIV, fig. 3 et 4 *(Clathurella).*

de Monterosato (1) a prise pour type de son genre *Leufroyia*. Le même auteur identifie à cette espèce les *Pleurotoma zonalis* de delle Chiaje (2) et *Pl. inflata* de Philippi (3), ainsi que le *Murex caudicola* de Chiereghini (4).

Michaud indique cette espèce comme très rare et vivant dans la Méditerranée, sur la côte d'Agde, dans l'Hérault. Son type mesure 10 millimètres de hauteur et 9 de diamètre. En réalité cette espèce est certainement moins rare que ne se le figurait Michaud ; nous la connaissons sur tout le littoral méditerranéen ; sa taille varie de 15 à 24 millimètres, mais son galbe parait très régulier, très constant.

On a signalé cette même espèce sur les côtes de l'Océan, jusqu'en Ecosse ; mais, croyons-nous, cette forme océanique est un peu différente de celle de la Méditerranée qui est plus typique. Forbes et Hanley, Sowerby et mieux encore Jeffreys, ont donné des figurations de cette coquille qui nous semble plus courte et plus râblée, avec la spire moins haute, la suture moins oblique, le dernier tour plus écourté ; nous n'avons pas observé cette forme océanique dans la Méditerranée.

TURBO MINUTUS

1828. *In Bull. hist. nat. Soc. Linn. Bordeaux*, II, p. 122, pl., fig. 7 et 9.

Michaud a décrit sous le nom générique de *Turbo* une petite coquille dont la hauteur n'est que de 4 à 5 millimètres, et qui aujourd'hui est classée dans le genre *Fossarus* (5), rentrant dans la famille des *Littorinidæ* ; mais les naturalistes

(1) Monterosato, 1884. *Nomenclatura generica conch. Mediterranee*, p. 134.
(2) Delle Chiaje, 1829. *Mem.*, pl. LXXXIV, fig. 1.
(3) Philippi, 1836. *Enumeratio Molluscorum Siciliæ*, I, p. 197, pl. XI, fig. 24 *(non* Cristofori et Jan).
(4) Chiereghini, *in* Brusina, 1870. *Ipsa Chiereghini conch.*, p. 158.
(5) Philippi, 1841. *In Arch. für Naturgesch.*, I, p. 42.

ne sont point d'accord sur la valeur de cette coquille en tant que forme spécifique.

Il s'agit de savoir si les trois types du *Nerita costata* de Brocchi (1), du *Turbo minutus* de Michaud, et du *Fossarus clathratus* de Philippi (2) constituent des espèces différentes ou doivent être rapprochées les unes des autres. En 1864, Récluz (3) réunissait le *Turbo minutus* au *Nerita costata*. « L'animal du *Fossarus minutus* (*Turbo minutus* de Michaud), écrivait-il, ne diffère de celui du *F. costatus* que par sa couleur blanc de lait; comme lui, son manteau est crénelé ; point de voiles entre ses tentacules et un mufle très court. » Ne connaissant pas encore l'espèce de Philippi, Récluz l'admettait comme espèce à part. Toutefois, on remarque qu'il décrit avec deux diagnoses différentes les coquilles du *Fossarus costatus* et celles du *F. minutus*.

A la même époque M. le Dr Fischer, dans son catalogue des *Fossarus*, séparait les deux espèces de Michaud et de Philippi (4). Depuis lors, la plupart des naturalistes qui ont eu à s'occuper de la faune méditerranéenne ont séparé les deux espèces de Brocchi et de Philippi ; ainsi ont procédé MM. Brusina (5), Petit de la Saussaye (6), Aradas et Benoit (7), etc. Weinkauff, au contraire, rapproche les formes de Brocchi et de Philippi pour laisser à part le type de Michaud.

Enfin M. de Monterosato (8) admettant un grand polymorphisme dans le type de Brocchi réunit en une seule espèce les trois types de Brocchi, de Michaud et de Philippi. « Va-

---

(1) Brocchi, 1814. *Conchiglie fossile subapen.*, II, p. 300, pl. I, fig. 11.

(2) Philippi, 1844. *Enumeratio Molluscorum Siciliæ*, II, p. 148, pl. XXV, fig. 5.

(3) Récluz, 1864. *Observations sur le genre Fossar (Fossarus), in Journ. conch.*, XII, p. 247.

(4) Fischer, 1864. *Note sur le genre Fossarus, suivie du catalogue des espèces, in Journ. conch.*, XII, p. 256.

(5) Brusina, 1866. *Contribuzione pella fauna dei molluschi Dalmati*, p. 73.

(6) Petit de la Saussaye, 1869. *Catalogue des mollusques testacés des mers d'Europe*, p. 124. — Cet auteur réunit le type de Michaud et celui de Philippi.

(7) Aradas et Benoit, 1870. *Conchiglia vivente marina della Sicilia*, p. 181.

(8) Monterosato, 1884. *Nomenclatura generica e specifica conchiglie Mediter.*, p. 52.

riabile sul rapporto della dimensione, della scultura e della maggiore o minore depressione della spira. I due nomi dati da Michaud e da Philippi reppresentano la forma piu piccola o giovine, a spira prominente e con una scultura clatrata; nello adulto prevalgono gli elementi spirali. »

Nous n'avons malheureusement pas encore pu nous procurer assez d'échantillons pour suivre et contrôler ces passages. Mais ce que nous pouvons dire, c'est que la forme vivante française, même adulte, c'est-à-dire avec son péristome bien formé, même épaissi, surtout du côté du bord columellaire, présente toujours un galbe plus étroitement allongé, à spire plus élevée, à ouverture moins arrondie, à ornementation plus simple que les échantillons italiens conformes à la figuration de Brocchi. C'est le type de Michaud qui paraît dominer sur nos côtes méditerranéennes.

SCALARIA TENUICOSTA

1829. *In Bull. hist. nat. Soc. Linn. Bordeaux*, p. 260, pl., fig. 1.

L'espèce que Michaud a très bien décrite mais assez mal figurée sous le nom de *Scalaria tenuicosta*, en 1829, avait déjà été décrite et figurée en 1819, par Turton, sous le nom de *Turbo Turtonis* (1). Il n'y a à cet égard pas le moindre doute, car cette forme se trouve aussi bien dans la Méditerranée, où Michaud a pris son type, que dans l'Océan, où Turton a recueilli le sien. Il est évident que Michaud, alors modeste officier d'infanterie, souvent exposé aux changements de garnison, n'avait pas, comme il nous l'a maintes fois avoué, une bien grande bibliothèque à sa disposition. Quoiqu'en relation avec Risso, il n'avait pas eu, en 1829, connaissance

____

(1) Turton, 1819. *Conchological dictionary*, p. 209, pl. XXVII, fig. 97.

du *Scalaria Turtonia*, que cet auteur cite dans son ouvrage de 1826 (1).

Dans ces conditions, en vertu des lois de priorité, le nom spécifique de *Turtonis* devrait seul subsister. Pourtant certains critiques, se basant uniquement sur des considérations absolument arbitraires et singulièrement rigoristes, surtout lorsqu'il s'agit d'autrui, ont prétendu qu'il fallait rayer à jamais ce nom des catalogues, sous prétexte qu'il était absolument incorrect. Dès lors, le nom donné par Michaud étant le second en date, et répondant à leur manière de voir, devrait être substitué à celui donné par le véritable créateur de l'espèce. Telle n'est point notre manière de voir.

Turton, en instituant le *Turbo Turtonis*, n'a nullement voulu se dédier cette espèce, comme on pourrait le croire au premier abord! Par une délicate attention, c'est à sa fille qu'il consacrait ce souvenir. Dans ce cas, ce n'est point *Turbo Turtonis* qu'il eût dû écrire, mais bien *Turbo Turtonæ*, pour être absolument correct. Et là-dessus M. Crosse de s'écrier : « Turton a trouvé moyen d'accumuler dans un seul mot trois fautes graves contre la nomenclature : 1° En donnant son nom à une espèce décrite par lui, ce qui est interdit; 2° en ne féminisant pas la désinence d'un nom d'espèce dédiée à une femme ; 3° en déclinant son nom *Turton*, *Turtonis*, alors qu'il faudrait dire *Turtonus*, *Turtoni*. C'est donc un nom spécifique à rayer des catalogues. » (2) !

Sans être aussi radical, il eût été infiniment plus simple et plus courtois de rectifier cette petite erreur grammaticale et d'écrire, comme l'avait déjà fait le savant Jeffreys (3), *Scalaria Turtonæ*. S'il fallait ainsi biffer des catalogues tous les noms qui ne sont pas absolument corrects, au lieu de se borner à les redresser lorsque l'occasion s'en présente, où en

(1) Risso, 1826. *Histoire naturelle de l'Europe méridionale*, IV, p. 112.
(2) Crosse, 1877. *In Journal de conchyliologie*, XXV, p. 37.

serions-nous? Qu'adviendrait-il des *Cassis saburon, Mitra ebenus, Buccinum granum, Buccinum lapillus,Buccinum galea, Cancellaria cancellata, Murex trunculus, Venerupis irus, etc.*, forgés par Linné ou par Lamarck, et qui sont, au point de vue grammatical, tout aussi incorrects que le *Turbo Turtonis?* Nous ne suivrons pas plus loin ces puritains subtils, et malgré tout notre désir de faire triompher Michaud, nous continuerons à inscrire dans nos catalogues le *Scalaria Turtonæ* avec le *Sc. tenuicosta*, en synonymie.

Dans son tableau des Scalaires, H. Nyst (1) maintient à leur place alphabétique les deux espèces de Michaud et de Turton sous les noms : n° 311, *Scalaria tenuicosta*, et n° 336, *Sc. Turtonæ*. Il estime que le *Sc. tenuicosta* se distingue par l'absence de stries transverses. Nous avons examiné des Scalaires de toutes provenances, de la Méditerranée comme de l'Océan, de la France comme de l'Angleterre, et, à part quelques différences dans le galbe ou dans la largeur et l'aplatissement des côtes, différences qui ne constituent que de simples variétés, nous avons toujours retrouvé le même mode d'ornementation. Lorsque le test est frais et bien conservé, on distingue facilement à la loupe de fines stries décurrentes qui recouvrent le test entre chaque ligne de lamelles longitudinales ; ces stries tendent à disparaître avec la moindre usure des coquilles.

PLEUROTOMA PHILBERTI

1829. *In Bull. hist. nat. Soc. Linn. Bordeaux*, III, p. 261, pl., fig. 2 et 3.

De même que Michaud n'a pas eu connaissance du *Scalaria Turtonia* de Risso, de même aussi il ne paraît pas avoir

---

(1) H. Nyst, 1871. *Tableau synoptique et synonymique des espèces vivantes et fossiles du genre Scalaria, in Ann. Soc. malac. Belgique*, VI, p. 138 et 142.

connu non plus le *Pleurotoma bicolor* (1) du même auteur.
Sous le nom de *Pleurotoma Philberti*, Michaud a confondu
deux formes différentes qu'il importe de distinguer. Son
type, très sommairement décrit et assez mal figuré (2), cor-
respond à une forme courte, trapue, à spire relativement
obtuse, à tours gros, bien arrondis et très élargis ; c'est le
Pleurotoma bicolor, décrit dès 1826 par Risso. C'est une
forme absolument méditerranéenne et que l'on confond bien
à tort avec le *Pleurotoma* ou mieux *Clathurella purpurea* de
Montagu (3), forme éminemment océanique et d'un tout
autre galbe. Le type du *Clathurella bicolor* est bien représenté dans l'Atlas de MM. Bucquoy, Dautzenberg et Dollfus
(4), sous le nom de *Clathurella purpurea var. bicolor*. Ce
type, d'après Risso, mesure 12 millimètres de hauteur ; d'a-
près Michaud, il a de 4 à 5 lignes, soit de 9 à 11 millimètres
environ. C'est donc en somme une petite coquille. Nous ne
comprenons pas pourquoi MM. Bucquoy, Dautzenberg et
Dollfus, après avoir, bien à tort, rapproché le *Pl. Philberti*
de Michaud du *Pl. purpurea* de Montagu, prennent pour type
de leur *var. Philberti* une forme autre que le type de Michaud
ou de Risso.

Michaud ajoute à sa description : « Il existe une variété
plus allongée, dont le sommet est aigu. » Il s'agit là d'une
toute autre espèce, comme nous avons pu nous en assurer,
après l'examen d'échantillons étiquetés de la main de Michaud et réunis sur le même carton avec des *Clathurella
bicolor* absolument typiques.

Sous le nom de *Clathurella purpurea, var. Philberti*, les

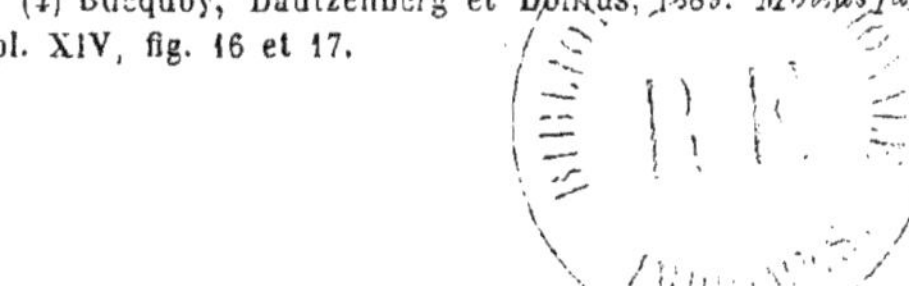

1) Risso, 1836. *Histoire naturelle de l'Europe méridionale*, IV, p. 214.
(2) Michaud lui-même, à la fin de sa notice reconnaît que « plusieurs figures rendent mal l'objet ; mais, dit-il, cette faute ne vient que de la difficulté où j'ai été de me procurer, à Lyon, un dessinateur qui eût l'habitude de représenter des objets d'histoire naturelle ».
(3) Montagu, 1803. *Testacea Britannica*, pl. 260, pl. IX, fig. 3.
(4) Bucquoy, Dautzenberg et Dollfus, 1889. *Mollusques marins du Roussillon*, I, p. 91, pl. XIV, fig. 16 et 17.

auteurs des *Mollusques du Roussillon* ont donné trois des-
sins (1) ; les deux premiers se rapportent à une même coquille, d'un galbe plus grand et plus allongé que les véritables
Clathurella bicolor qu'ils ont figurés à côté, et le troisième
plus grand encore, bien plus élancé, avec des costulations
longitudinales un peu plus espacées. Ce sont là deux formes
très distinctes et nettement définies. A la première, nous
avons donné dans notre *Prodrome* (2) le nom de *Clathurella
Bucquoyi*, laissant à la seconde le nom de *Clathurella contigua*, proposé en 1884 par M. le marquis de Monterosato (3).
Toutefois, on remarquera que M. de Monterosato confond en
une seule espèce les deux figurations pourtant si différentes
dont nous venons de parler, et qu'il les applique toutes les
deux à son *Philbertia contigua*. Nous croyons, après nouvel
examen, qu'il y a lieu de maintenir ces deux formes au rang
d'espèce, comme nous l'avons fait dans notre *Prodrome*. Or,
les échantillons que Michaud attribue à la variété de son
Pleurotoma Philberti sont précisément des *Clathurella contigua*, ou *Philbertia contigua*. Nous examinerons plus loin,
à propos du *Pleurotoma corbis* de Potiez et Michaud, com-
ment il faut comprendre cette nouvelle espèce.

En résumé, le nom de *Pleurotoma Philberti* appliqué au
type de Michaud doit passer en synonymie du *Pleurotoma* ou
mieux *Clathurella bicolor* de Risso, quoique en réalité ce nom
de *bicolor* s'applique, en tant qu'adjectif, tout aussi exactement à bien d'autres espèces. En outre, la variété que signale
Michaud doit être prise comme type du *Clathurella contigua*.
Enfin, entre ces deux formes, il en existe une troisième intermédiaire, et plus voisine encore du *Clathurella bicolor* que
du *Cl. contigua*, que nous avons désignée sous le nom de
Cl. Bucquoyi.

(1) Bucquoy, Dautzenberg et Dollfus, 1883. *Loc. cit.*, pl. XIV, fig. 13 à 15.
(2) Locard, 1886. *Prodrome*, p. 113 et 544.
(3) Monterosato, 1884. *Nom. gen. spec. conch. Medit.*, p. 133.

Chacune de ces trois espèces comporte un certain nombre
de variétés *ex-forma* et *ex-colore* bien définies. Ainsi nous
pouvons signaler une *var. major* du *Cl. bicolor*, absolument
conforme au type, mais qui atteint 15 millimètres de hauteur; de même il existe des formes du *Cl. contigua* qui va-
rient entre 8 et 14 millimètres de hauteur ; ces trois espèces
enfin peuvent également être *bicolor*.

M. le marquis de Monterosato, tout en admettant l'identité
du *Pleurotoma Philberti* de Michaud avec le *Pl. bicolor* de
Risso, a conservé le nom de l'espèce de Michaud pour en
faire son genre *Philbertia*. Nous avons maintenu toutes
ces différentes espèces dans le genre *Clathurella* de Carpenter qui leur convient parfaitement.

PLEUROTOMA VILLIERSII

1829. *In Bull. hist. nat. Soc. Linn. Bordeaux*, III, p. 262, pl., fig. 4 et 5.

Cette espèce est bien décrite dans le Mémoire de Michaud ;
malheureusement la figure, comme il le reconnaît lui-même,
laisse quelque peu à désirer. Toutefois il est à regretter que
l'auteur n'ait pas assez insisté sur certaines particularités
caractéristiques inhérentes à cette coquille. Aussi en est-il
résulté que quelques auteurs l'ont confondue avec le *Murex
attenuatus* de Montagu, ou mieux *Raphitoma attenuatum* (1),
forme plus anciennement décrite et qui en est certainement
très voisine.

Le *Pleurotoma Villiersii* est une grande et belle coquille ;
le type mesure 6 lignes de hauteur, soit 13 à 14 millimètres;
à l'œil nu, les espaces intercostaux, même chez les sujets
les plus frais, les mieux conservés, semblent lisses ; ce n'est
qu'à l'aide d'une très forte loupe que l'on distingue de très

(1) Montagu, 1803, *Testacea Britannica*, p. 266, pl. IX, fig. 6 *(Murex attenuatus)*.

fines stries décurrentes qui ornent la coquille ; ce test est
entièrement sillonné de petites linéoles brunes, continues,
visibles aussi bien dans les espaces intercostaux que sur
les côtes ; enfin la suture est bien accusée, mais les tours, dont
le profil est un peu arrondi, ne paraissent pas très étagés
les uns au-dessus des autres.

Chez le *Murex attenuatus* d'Angleterre et des côtes océaniques, la taille a une tendance à être plus petite ; le galbe
est encore plus effilé, plus lancéolé ; même à l'œil nu, et à
plus forte raison avec une loupe ordinaire, on distingue très
nettement, dans les espaces intercostaux, aussi bien que sur
les côtes, des stries décurrentes fines, très rapprochées, continues, qui donnent à la coquille, lorsqu'elle est bien fraiche,
un aspect terne, tout à fait différent du facies lisse et brillant
du *Pleurotoma Villiersii.* D'autre part, dans la coquille océanique la suture est plus oblique, plus accusée, et les tours
toujours plus droits dans leur profil, semblent mieux étagés
les uns par rapport aux autres. Enfin il existe également chez
cette espèce des linéoles brunes, comme chez le *Pleurotoma
Villiersii.* Nous inscrirons donc cette dernière espèce sous
le nom de *Raphitoma Villiersi.*

Comme habitat, si le type du *Raphitoma Villiersi* a été
signalé dans la Méditerranée, nous dirons qu'il se retrouve
également, mais bien plus rarement, sur nos côtes océaniques. En revanche, le *Raphitoma attenuatum,* dont le type vit
dans l'Océan et dans la Manche, se rencontre très rarement
dans la Méditerranée ; nous en avons constaté la présence
sur les côtes du département du Var.

Il existe plusieurs variétés *ex-forma* et *ex-colore* chez ces
deux espèces. Nous possédons des *Raphitoma Villiersi* dont
la hauteur varie de 10 à 17 millimètres. Sur le dernier tour,
tantôt on aperçoit une fascie brune, assez large ; tantôt elle
fait complètement défaut ; dans d'autres exemplaires, elle

occupe une partie de la base de ce tour. Michaud avait signalé
« une variété beaucoup plus petite et plus colorée, sur laquelle les lignes spirales sont plus marquées et le sinus plus
profond que dans la grande ; elle n'est point ornée de la
bande que l'on remarque sur l'espèce qui a servi de type ;
mais elle est remplacée par la continuation des petites lignes
qui couvrent le reste de la coquille. »

Comme conclusion, nous estimons qu'il convient de maintenir dans les catalogues l'espèce de Michaud et de l'inscrire
séparément, à la suite de celle de Montagu. Mais, comme d'après leurs caractères aperturaux ces deux espèces s'écartent
suffisamment des véritables *Pleurotoma*, nous les rangerons
dans le genre *Raphitoma* de Bellardi. M. le marquis de Monterosato a créé, pour ces deux formes qu'il a réunies en une
seule, le genre *Vielliersia* (1). Or, comme Michaud avait dédié ses coquilles à Bombes de Villiers, malacologiste lyonnais, dont la belle collection est actuellement au Muséum de
Lyon, il conviendrait, au cas où cette coupe générique serait
maintenue, d'écrire *Villiersia*.

PLEUROTOMA COMARMONDI

1829. *In Bull. hist. nat. Soc. Linn. Bordeaux*, III, p. 263, pl., fig. 6.

En 1803, Donovan (2) a décrit et très soigneusement
figuré, sous trois faces différentes, un *Pleurotomidæ* qu'il a
désigné sous le nom de *Murex emarginatus*. A la même date,
mais peu de temps après, Montagu a décrit, mais moins
bien représenté (3), la même espèce sous le nom de *Murex
gracilis*. A s'en tenir aux seules figurations données par ces

(1) Monterosato, 1884. *Nom. gen. spec. conch. Medit.*, p. 128.
(2) Donovan, 1803. *British Shells*, V, pl. CLXIX, fig. 2.
(3) Montagu, 1803. *Testacea Britannica*, p. 267. pl. XV, fig. 5. — 1808. *Supplément*, p. 115.

deux auteurs, on serait de suite porté à croire qu'il s'agit là de deux coquilles parfaitement différentes. Pourtant tous les auteurs anglais modernes sont absolument d'accord au sujet de leur complète identité. Mais nous ne savons pour quels motifs ils ont donné la préférence à la dénomination spécifique de Montagu, dont le nom est au moins de même date (1), sinon un peu plus récent, et dont la figuration est si défectueuse. Ladite coquille figure donc dans les catalogues sous les noms de *Pleurotoma, Mangelia, Defrancia, Raphitoma* ou *Bellardia gracilis* ou *gracile* (2).

C'est encore indubitablement cette même forme que Michaud a décrite en 1829, sous le nom de *Pleurotoma Comarmondi*. Il ne saurait y avoir le moindre doute à cet égard. Il a pris son type dans la Méditerranée ; mais nous ne saurions établir de différences sérieuses entre la forme méditerranéenne et celle que l'on retrouve sur nos côtes océaniques d'où elle remonte jusqu'en Angleterre.

Reste à savoir quelle dénomination définitive il convient de lui attribuer. Dans notre *Prodrome* (3), nous avons donné la préférence à la dénomination spécifique de Donovan : 1° parce qu'en réalité elle est la plus ancienne ; 2° parce qu'elle enlève toute espèce d'équivoque avec le *Murex gracilis*

---

(1) Le 17 janvier 1804, W. G. Maton et le rév. Th. Rackett (*In Trans. Lin. Soc.*, t. VIII. — *Traduct.* Chenu, p. 183), disent au sujet du *Murex gracilis :* belle et nouvelle espèce, découverte par M. Montagu sur le sable de la baie de Beddefort, comté de Devon. M. Donovan la mentionne de la côte ouest; etc. » Montagu dans son *Supplément* (p. 115) publié en 1808 se borne à donner en synonymie de son espèce le nom de Donovan, sans autre justification. D'après un renseignement écrit de Jeffreys, la publication de Donovan aurait réellement précédé celle de Montagu.

(2) *Pleurotoma gracile :* — Philippi, 1844. *Enum. moll. Sicil.*, II, p. 166. — Petit de la Saussaye, 1852. *In Journ. conch.*, III, p. 188. — Bucquoy, Dautzenberg et Dollfus, 1883. *Moll. Rouss.*, I, p. 88, pl. XIV, fig. 1 et 2. — Locard, 1886. *Prodrome*, p. 110 *(emarginatum)*.

Mangelia gracilis : — Forbes et Hanley, 1853. *Brit. moll.*, III, p. 472, pl. CXIV, fig. 4; pl. RR, fig. 8. — Sowerby, 1859. *Ill. ind.*, pl. XIX, fig. 10.

Defrancia gracilis : — Jeffreys, 1868-1869. *Brit. conch.*, IV, p. 363, pl. LXXXVIII, fig. 6.

Raphitoma gracilis : — Weinkauff, 1868. *Conch. mittelm.*, II, p. 135.

Claturella emarginata : — Bellardi, 1877. *Moll. Piem.*, II, p. 260.

Bellardia gracilis : — Monterosato, 1844. *Nom. conch. Médit.*, p. 135.

(3) Locard, 1886. *Prodrome*, p. 110.

de Brocchi (1), qui s'applique à une forme bien différente ;
3° parce que Donovan a mieux figuré et mieux fait comprendre son espèce que Montagu.

Quant au nom de genre, cette coquille, par ses caractères
aperturaux, nous paraît avoir bien plus d'affinités avec les
véritables *Pleurotoma (sensu stricto)* qu'avec n'importe quel
autre genre démembré de ce type. Nous continuerons donc
à inscrire cette coquille sous le nom de *Pleurotoma emarginatum.*

CREPIDULA MOULENSII

1829. *In Bull. hist. nat. Soc. Linn. Bordeaux,* II^r, p. 265, pl., fig. 9.

Il est assez surprenant de voir que Michaud, en décrivant
son *Crepidula Moulinsii,* n'a pas songé à le comparer au
Crepidula unguiformis de Lamarck (2), ou *Patella crepidula* de Linné (3), qu'il connaissait certainement. Quoi qu'il
en soit, ces deux espèces sont bien différentes et ne sauraient
être confondues.

Jeffreys, pourtant, a émis l'idée d'un rapprochement pos-
sible entre ces deux formes (4). D'après cet auteur, le prétendu *Crepidula Moulinsii* dont la face supérieure ou externe
est convexe et rugueuse, serait un être qui vivrait fixé à la
paroi externe des coquilles vides, tandis que le *Crepidula
unguiformis* s'attacherait au contraire à la face interne de ces
mêmes coquilles. Cette assertion aurait besoin d'être contrôlée pas l'expérience.

MM. Bucquoy, Dautzenberg et Dollfus, qui ont admis
comme espèce le *Crepidula Moulinsii* (5), sont les seuls

(1 Brocchi, 1814. *Conchiologia fossile subapennina,* p. 437, pl. IX, fig. 16.
(2) Lamarck, 1822. *Animaux sans vertèbres,* VI, 2, p. 25.
(3) Linné, 1767. *Systema naturæ,* édit. XII, p. 1257.
(4) Jeffreys, 1882. *Lightning and Porcupine expedition, in Proc. zool. Soc. London,* p. 680.
(5) Bucquoy, Dautzenberg et Dollfus, 1885. *Mollusques du Roussillon,* I, p. 462, pl. LV,
fig. 12 à 14.

auteurs qui en aient donné la figuration en dehors du dessin fort médiocre de la planche qui accompagne le mémoire de Michaud (1).

MONODONTA BELLIÆI

1829. *In Bull. hist. nat. Soc. Linn. Bordeaux*, III, p. 265, pl., fig. 10 et 11.

Très peu d'auteurs ont connu cette espèce, et nous-même nous n'eussions jamais pu établir sa véritable synonymie si nous n'avions observé dans la collection de M. E. Michaud fils une étiquette manuscrite de son père, au dessus de trois individus du *Turbo sanguineus* (2), ainsi libellée : *Turbo sanguineus* Lamck, *Turbo purpureus* Risso (fig. 48), *Monodonta Belliæi* Michaud. Il ne saurait donc plus y avoir le moindre doute au sujet de cette espèce ; la dénomination, proposée par Michaud, doit rentrer en synonymie d'une autre espèce plus ancienne, bien connue et bien figurée(3). Comme le dit Michaud, elle n'est pas rare dans la Méditerranée ; on la retrouve sur tout le littoral à de faibles profondeurs.

TROCHUS RARILINEATUS

1829. *In Bull. hist. nat. Soc. Linn. Bordeaux*, III, p. 266, pl., fig. 12.

Il est fort probable que la forme désignée par Michaud sous le nom de *Trochus rarilineatus*, forme assez commune

(1) Cette espèce étant dédiée à Charles des Moulins, il nous a paru plus correct d'écrire *Crepidula Desmoulinsi*, pour éviter toute confusion de nom *(Prodrome*, p. 328).
(2) Linné, 1758. *Systema naturæ*, édit. X, p. 763. — Edit. XII, p. 1235.
(3) Megerle von Mühlfeld, 1818. *In Verh. Berl. Gesell*,, p. 19, pl. II, fig. 13 *(Turbo coccineus)*. — Risso, 1826. *Hist. nat. Europe méridionale*, IV, p. 116, fig. 48 *(Turbo purpureus)*. — Hidalgo, 1870. *Molluscos marinos*, pl. LVI, fig. 5-6 *(Turbo sanguineus)*. — Fischer, 1870. *In Kiener, Coq. viv., genre Turbo*, p. 100, pl. XXXIX, fig. 2 *(Turbo sanguineus)*. — Bucquoy, Dautzenberg et Dollfus, 1884. *Mollusques Roussillon*, 1, p. 334, pl. XL, fig. 15 à 19 *(Turb sanguineus)*.

et répandue sur tout notre littoral méditerranéen, a déjà été connue de Linné et confondue par lui avec le *Trochus divaricatus* (1). Ces deux espèces ont en effet un grand air de similitude, comme taille, comme galbe général, comme coloration et même comme mode d'ornementation. C'est au point que quelques auteurs (2) ont même cru devoir réunir ces deux espèces en une seule et considérer la seconde comme une simple variété de la première.

Cependant, quoique Michaud n'établisse pas de rapprochements entre son type et celui de Linné, ces deux formes sont bien nettement distinctes. La caractéristique du *Trochus rarilineatus* réside surtout : dans le profil des tours, profil qui est absolument rectiligne ; dans la forme du dernier tour qui est anguleux à sa base ; enfin dans la surface inférieure de la coquille qui est toujours concave. Ces caractères ressortent assez bien sur la figuration de Michaud, quoiqu'on y ait exagéré le mode de superposition des tours. Il a été donné depuis Michaud plusieurs bonnes figurations de cette espèce (3).

Depuis le juste démembrement du grand genre *Trochus*, on a successivement fait rentrer le *Trochus rarilineatus* dans les genres *Gibbula* (4) et *Gibbulastra* (5). Il ne se rencontre que dans la Méditerranée et ne comporte que peu de variations.

PHASIANELLA TENUIS

1829. *In Bull. hist. nat. Soc. Linn. Bordeaux*, III, p. 270, pl., fig. 19 et 20.

Michaud a parfaitement compris cette espèce lorsqu'il en a

(1) Linné, 1758. *Systema naturæ*, édit. X, p. 758.
(2) Weinkauff, 1868. *Conch. des Mittelm.*, II, p. 383. — Petit de la Saussaye, 1869. *Catalogue testacé mers d'Europe*, p. 117. — Aradas et Benoit, 1870. *Conchiglia vivente marine Sicilia*, p. 165. — Fischer, 1880. *In* Kiener, *Coquilles vivantes, genre Trochus*, p. 139.
(3) Bucquoy, Dautzenberg et Dollfus, 1885. *Mollusques Roussillon*, pl. XLVI, fig. 23 à 27.
(4) Risso, 1826. *Histoire naturelle de l'Europe méridionale*, IV, p. 134.
(5 Monterosato, 1884. *Nom. gen. spec. medit.*, p. 43.

fait ressortir les caractères comparatifs avec ceux des *Phasianella pulla* (1) et *Ph. Vieuxii* (2). C'est en Corse qu'il a rpis son type, et c'est également avec deux autres formes corses qu'il a établi ses points de comparaison. Le *Phasianella tenuis* est donc une bonne espèce qu'il convient de maintenir dans les catalogues. La figure qu'il en donne est absolument déplorable ; mais plusieurs auteurs ont, depuis lors, très exactement figuré cette élégante petite coquille (3).

Convient-il de réunir au *Phasianella tenuis* de Michaud le *Ph. intermedia* de Scacchi et de Philippi (4), comme l'ont fait MM. Bucquoy, Dautzenberg et Dollfus? Il semble qu'il ne peut y avoir de doute à cet égard ; il suffit de comparer les diagnoses des deux auteurs pour s'assurer qu'ils ont eu tous les deux en vue une forme intermédiaire entre le petit *Phasianella pulla* et le grand *Ph. Vieuxii*, ou mieux *Ph. speciosa* (5). Pourtant M. le marquis de Monterosato (6) après un examen des types de Scacchi et de Philippi, croit devoir séparer ces deux formes comme spécifiquement distinctes. En outre, il rattache le *Phasianella tenuis* de Michaud, comme synonyme, au *Tricolia punctata* de Risso (7). Dans notre *Prodrome* (8), nous avions également admis ce rapprochement. Pourtant cette manière de voir mérite confirmation, car on remarquera que Risso donne à son espèce les mêmes dimensions (0,008) qu'au *T. pullus*, et qu'il lui compte un

---

(1) *Turbo pullus*, Linné, 1767. *Systema naturæ*, édit. XII, p. 1233.
Phasianella pulla, Payraudeau, 1826. *Mollusques de Corse*, p. 140.
(2) Payraudeau, 1826. *Mollusques de Corse*, p. 140, pl. VII, fig. 5 et 6.
(3) Kiener, 1850. *Coquilles vivantes, genre Phasianella*, p. 9, pl. IV, fig. 3 (*Phasianella intermedia*). — Bucquoy, Dautzenberg et Dollfus, 1884. *Moll. Roussillon*, I, p. 341, pl. XXXIX, fig. 19 à 24 *(Phasianella tenuis)*.
(4) Scacchi, 1836. *Catalogus conchyliorum regni Neapolitani*, p. 14, fig. 23. — Philippi. 1844. *Enum. moll. Siciliæ*, II, p. 158, pl. XXV, fig. 21.
(5) Megerle von Mühlfeld, 1824. *In Verh. Berl. Ges.*, I, p. 214, pl. II, fig. 4 *(Turbo speciosus)*. — Philippi, 1844. *Enum. Moll. Siciliæ*, II, p. 158 *(Phasianella speciosa)*.
(6) Monterosato, 1878. *Enumeratio e sinonimia*, p. 23. — 1884. *Nomencl. gener. spec. Medit.*, p. 50.
(7) Risso, 1826. *Hist. nat. Europe merid.*, IV, p. 123.
(8) Locard, 1886. *Prodrome*, p. 204.

tour de spire de moins. Or, en réalité, le *Phasianella tenuis* de Michaud a plutôt un demi-tour de spire de plus, et sa taille est toujours plus grande. Si donc Risso a réellement connu la forme de Michaud, c'est plutôt dans le groupe des « coquilles modérément élevées » qu'il l'aurait classée, plutôt que dans celui des « coquilles peu élevées ».

TORNATELLA LACTEA

1829. *In Bull. hist. nat. Soc. Linn. Bordeaux*, III, p. 271, pl., fig. 21 et 22.

Le *Tornatella lactea* est une des espèces les mieux décrites et les mieux figurées par Michaud. Malheureusement trois années auparavant, Risso avait publié la même espèce sous le nom de *Turbonilla Humboldti* (1). Certainement la description et la figuration de Michaud sont bien plus complètes et bien plus explicites ; elles font incontestablement mieux comprendre l'espèce ; mais néanmoins l'identification de ces deux formes est incontestable, et la dénomination donnée par Risso étant la plus ancienne en date, doit seule subsister en vertu des lois de la priorité.

La synonymie de cette coquille est assez complexe. Comme genre, on en a fait successivement un *Turbonilla*, un *Tornatella*, un *Chemnitzia*, un *Odostomia*, un *Rissoa* et un *Menestho* (2). Comme espèce, d'après M. le marquis de Monterosato, elle aurait été décrite sous les noms de *Humboldti*, *lactea*, *clathrata*, *turriculata* et *Kuzmici* (3). Elle est du reste assez polymorphe. Le même auteur lui assigne les variétés

<hr>

(1) Risso, 1826. *Hist. nat. Europe méridionale*, IV, p. 194, fig. 63.
(2) Risso. *Loc. cit. (Turbonilla).* — Michaud. *Loc. cit. (Tornatella).* — Philippi, 1844. *Enum. moll. Sicil.*, II, p. 137 *(Chemnitzia).* — Jeffreys, 1856. *Test. Piedmont. Coast.*, p. 31 *(Odostomia).* — Seguenza, 1876. *Moll. di Messina*, p. 8. *(Rissoa).* — Monterosato, 1878 *Enumeratio e sinonimia*, p. 31 *(Menestho).*
(3) *T. Humboldtii*, Risso (1826). — *T. lactea*, Michaud (1829). — *T. clathrata*, Philipp. (1836). — *R. turriculata*, Calcara (1839). —*T. Kuzmici*, Brusina.

subventricosa Philippi (1), *brevis* Requien (2), *tuberculata* et *sulcata* Bucquoy, Dautzenberg et Dollfus (3). Cette dernière forme, dont le mode d'ornementation est absolument différent, nous a paru mériter le rang d'espèce. Nous l'avons inscrite dans notre *Prodrome* sous le nom de *Menestho Doll-fusi* (4).

Sous le nom d'*Odostomia (Turbonilla) Humboldti*, *var. elongata*, Tiberi (5) a signalé en 1868 une forme déjà observée par d'autres auteurs et inscrite sous différents noms. « Cette variété, écrit Tiberi, au moins soi-disant telle, est beaucoup plus allongée ; ses tours sont presque plans, ornés de cingulations et de côtes plus fines et plus nombreuses, et leur suture simplement marquée ne donne point à la spire l'aspect turriculé du type. » C'est cette même forme que Lowe, en 1840, avait décrite sous le nom de *Parthenia bulinea* (6) pour une coquille de Madère. Nous avons retrouvé cette même forme également bien caractérisée sur les côtes de Provence, depuis la publication de notre *Prodrome*. Nous l'inscrirons donc dans nos catalogues sous le nom de *Menes-tho bulinea* que lui a donné M. le marquis de Monterosato (7).

EMARGINULA PILEOLUS

1829. *In Bull. hist. nat. Soc. Linn. Bordeaux*, III, p. 271, pl., fig. 22 et 24.

Cette élégante petite coquille, bien décrite et suffisam ment figurée par Michaud, était déjà connue et désignée avant la publication de son mémoire sous le nom d'*Emarginula rosea*,

(1) Philippi, 1844. *Enum. Moll. Siciliæ*, II, p. 137.
(2) Requien, 1848. *Catalogue coquilles Corse*, p. 59.
(3) Bucquoy, Dautzenberg et Dollfus, 1883. *Mollusques Roussillon*, p. 195.
(4) Locard, 1886. *Prodrome*, p. 238 et 572.
(5) Tiberi, 1868. *In Journ. conch.*, XVI, p. 61.
(6) Lowe, 1840. *In Proced. zool. Soc. London*, p. 40.
(7) Monterosato, 1884. *Nomencl. gen. spec. conch. Medit.*, p. 84.

par un auteur anglais, Bell (1). La dénomination donnée par
Michaud, quoique plus exacte et plus figurative, doit donc
passer en synonymie.

On trouve chez les naturalistes anglais, Forbes et Hanley,
Sowerby et Jeffreys (2), de bonnes figurations de cette espèce.
Elle vit dans la Manche et sur les côtes de l'Océan jusque
vers la Charente-Inférieure. C'est dans la Manche que Michaud
a pris son type. Quelques auteurs ont cru devoir rapporter à
ce même type des formes affines mais différentes, qui vivent
dans la Méditerranée. Ces formes sont incontestablement distinctes et doivent être inscrites sous le nom d'*Emarginula
Costæ* (3) ou d'*E. capuliformis* (4).

La première de ces deux espèces est caractérisée par un
galbe un peu moins élevé que celui de l'*E. rosea*, par sa
forme plus élargie, plus surbaissée, par son ouverture plus
grande et plus largement ovalaire, enfin par son ornementation moins régulière. Quant à la seconde, elle est de taille
très notablement plus petite, avec une hauteur toujours proportionnellement plus grande et une décoration ornementale
moins accusée.

RISSOA LACTEA

1832. *Description nouv. esp. coq. genre Rissoa*, 2ᵉ édit., p. 9, pl., fig. 11 et 12.

Cette espèce, bien décrite et bien figurée par son auteur,
est admise aujourd'hui par tous les naturalistes. Michaud ne

(1) Bell, 1824. *In Zoological journal*, I, p. 32, pl. IV, fig. 1.
(2) Forbes et Hanley, 1853. *British mollusca*, II, p. 479, pl. LXIII, fig. 3.
Sowerby, 1859. *Illustrated index*, pl. XI, fig. 5.
Jeffreys, 1865-1869. *British conchology*, III, p. 261; V, p. 200, pl. LIX, fig. 3.
(3) Tiberi, 1855. *Descrizione testacei nuovi*, p. 13, pl. II, fig. 1-4. Nous n'avons pas cité
cette forme dans notre *Prodrome*. Nous ne la connaissions pas à cette époque sur les côtes de
France. M. Marion l'a péchée sur le plateau de Peyssonnel entre 500 et 700 mètres de profondeur.
(4) Philippi, 1836. *Enum. moll. Sicil.*, I, p. 214, pl. VII, fig. 12. — Locard, 1884. *Prodrome*,
p. 338.

la signale que dans la Méditerranée ; on la trouve cependant tout aussi bien dans l'Océan et dans la Manche (1). Il en existe de nombreuses figurations (2). En général, à part des variations de taille déjà signalées par Requien (3), le galbe de la coquille varie peu ; nous signalerons cependant des *var. ventricosa* et *elongata*. Quant aux costulations ornementales, elles sont plus ou moins accusées ; mais la plupart du temps ces modifications résultent du plus ou moins bon état de conservation de la coquille et de son âge.

En 1855, Petit de la Saussaye (4) avait identifié le *Rissoa lactea* de Michaud au *Turbo cancellatus* de Lamarck (5). Un peu plus tard, Weinkauff a repris cette idée (6). Mais, qu'est-ce au juste que ce *Turbo cancellatus ?* Nous ne le connaissons que par la figuration qu'en a donnée le baron Delessert ; or, cette forme n'est très certainement pas le *Turbo cancellatus* de da Costa (7) ; elle a sans doute plus de rapports avec le *Rissoa lactea* de Michaud, mais son mode d'ornementation est incontestablement différent. Deshayes lui-même (8) donne, en 1838, avec un point de doute le *Turbo cancellatus* de Lamarck comme synonyme du *T. cancellatus* de da Costa ; mais en 1847 (9) il pense que l'espèce de Lamarck est la même que celle de Michaud. Cette opinion ne semble pas avoir prévalu. Dans tous les cas, puisqu'il existe déjà un *Turbo cancellatus* qui est en réalité un *Rissoia*, ou mieux un *Alvania*, tout

(1) Locard, 1886. *Prodrome*, p. 247 (*Alvania lactea*).

(2) Forbes et Hanley, 1853. *British Mollusca*, III, p. 76, pl. LXXIX, fig. 3 et 4. — Sowerby, 1859. *Illustrated index*, pl. XIII, fig. 12. — Jeffreys, 1867-1869. *British conchology*, IV, p. 7 ; V, p. 206, pl. LXVI, fig. 2. — Bucquoy, Dautzenberg et Dollfus, 1882. *Moll. Roussillon*, I, p. 298, pl. XXXV, fig. 7 à 13.

(3) Requien, 1848. *Catalogue coquilles de Corse*, p. 55, *var. major* et *minor*.

(4) Petit de la Saussaye, 1855. *In Journal de conchyliologie*, III, p. 85.

(5) Lamarck, 1822. *Animaux sans vertèbres*, VII, p. 49. — Delessert, 1841. *Recueil coquilles Lamarck*, pl. XXXVII, fig. 7. — Lamarck, 1843. *Anim. s. vert.*, 2e édit., IX, p. 218.

(6) Weinkauff, 1862. *In Journal de conchyliologie*, X, p. 340.

(7) Da Costa, 1779. *British conchology*, p. 104, pl. VIII, fig. 8, 9.

(8) Deshayes, 1838. *In Lamarck, Anim. sons vertèbres*, 2e édit., VIII, p. 464.

(9) Deshayes, 1843. *In Lamarck, Loc., cit.*, IX, p. 218, en note.

comme l'espèce de Lamarck, celle-ci doit forcément disparaitre d'après les lois de la priorité. Nous continuerons donc à maintenir l'espèce de Michaud que nous avons inscrite avec M. Brusina (1) sous le nom générique d'*Alvania* (2). Pour cette même espèce, le marquis de Monterosato a institué le genre *Massotia* (3).

RISSOA GROSSA

1832. *Description nouv. esp. coq. genre Rissoa*, 2e édit., p. 10, pl., fig. 21 et 22.

Cette espèce est peu connue ; un petit nombre d'auteurs en font mention ; on la rencontre pourtant sur tout le littoral méditerranéen, depuis Cette jusqu'au delà de Toulon ; mais elle est toujours rare et très localisée. Michaud signale également cette forme en Angleterre ; mais nous conserverons un fort point de doute à cet égard, jusqu'à plus ample vérification. Nous avons eu entre les mains plusieurs échantillons étiquetés de la main de Michaud ; c'est une belle coquille parfaitement caractérisée, et qui doit prendre place dans le groupe du *Rissoia liliacina* Récluz (4), dont elle est en quelque sorte l'exagération.

En 1844 Philippi (5) a institué, sous le nom de *Rissoa venusta* une espèce très voisine, dont le principal caractère différentiel réside dans le mode d'ornementation. Chez cette espèce, les trois derniers tours seuls possèdent des côtes longitudinales. Schwartz von Mohrenstern (6) a bien fait ressortir les caractères distinctifs de ces deux espèces. Il

(1) Brusina, 1866. *Contribuzione fauna Dalmati*, p. 27.
(2) Locard, 1886. *Prodrome*, p. 247.
(3) Monterosato, 1884. *Nom. gen. spec. conch. Medit.*, p. 65.
(4) Récluz, 1843. *In Revue Société cuvierienne*, p. 6. — Locard, 1886. *Prodrome*, p. 257 et 258.
(5) Philippi, 1844. *Enum. moll. Siciliæ*, II, p. 124, pl. XXIII, fig. 4. — Locard, 1886. *Prodrome*, p. 258.
(6) Schwartz von Mohrenstern, 1864. *Ueber Familie den Rissoiden*, p. 16, pl. I, fig. 15 et 16.

existe chez le *Rissoia grossa* des variétés *elongata* et *curta* bien définies.

RISSOA LINEOLATA

1832. *Description nouv. esp. coq. genre Rissoa*, 2ᵉ édit., p. 11, pl., fig. 13 et 14.

Le *Rissoa* ou mieux *Rissoia lineolata* est également une bonne espèce parfaitement définie et que tous les auteurs admettent; nous le voyons très bien compris et figuré dans diverses publications (1). Son galbe varie très peu; cependant nous signalerons des *var. minor, elongata* et *ventricosa*. Comme l'ont fait observer MM. Bucquoy, Dautzenberg et Dollfus, cette espèce varie surtout par le plus ou moins de développement des côtes qui sont tantôt bien saillantes comme dans les exemplaires qu'ils ont représentés (fig. 19 et 20); tantôt peu développées sur ces derniers tours, comme sur ceux reproduits (fig. 17 et 18). Cette dernière manière d'être constitue la *var. lœvis*, de M. de Monterosato (2).

Le *Rissoa Ehrenbergi* de Philippi (3) établi sur un jeune exemplaire du *Rissoia lineolata* doit passer en synonymie. M. de Monterosato (4) donne encore un synonyme de l'espèce de Michaud, les *Rissoa oenonensis*, Brusina (5) et *R. Benzi*, Aradas (6); c'est cette dernière forme qui correspondrait à sa *var. lœvis*.

(1) Schwartz von Mohrenstern, 1864. *Loc. cit.*, p. 38, pl. II, fig. 27. — Bucquoy, Dautzenberg, et Dollfus, 1884. *Moll. Roussillon*, p. 274, pl. XXXI, fig. 16 à 20.
(2) Monterosato, 1875. *Nuova revista conchiglie Mediterranee*, p. 26.
(3) Philippi, 1844. *Enum. moll. Sicil.*, II, p. 127, pl. XXIII, fig. 9.
(4) Monterosato, 1875. *Nuova revista*, p. 26. — 1878. *Enumeratio e sinonimia*, p. 23.
(5) Brusina, 1866. *Contribuzione fauna Dalmati*, p. 20 et 74.
(6) Aradas, 1859. *Conchiglie vivente mar. della Sicilia*, p. 135 *(Paludina Benzi)*. — Aradas et Benoit, 1870. *Conchigliologia vivente marina Sicilia*, p. 135.

RISSOA FRAGILIS

1832. *Description nouv. esp. coq. genre Rissoa*, 2ᵉ édit., p. 12, pl., fig. 9 et 10.

Cette espèce est très exactement définie et assez bien figurée par Michaud : « Coquille turriculée, lisse, luisante, fragile, de couleur vitrée un peu verdâtre; huit tours de spire un peu convexes; ornée longitudinalement de légères stries qui ne sont visibles qu'à la loupe, etc. » Michaud compare son espèce avec le *Rissoia oblonga* de Desmarest (1); elle a, par son galbe plus d'affinité avec le *Zippora membranacea* d'Adams (2); aussi l'avons-nous rangée avec M. le marquis de Monterosato (3) dans ce genre en écrivant notre *Prodrome* (4). C'est en somme très vraisemblablement la forme méditerranéenne de ce type éminemment océanique; nous croyons donc qu'il faut qualifier de *Rissoia* ou mieux *Zippora fragilis*, les prétendus *Rissoia membranacea* signalés par Petit de la Saussaye (5), Weinkauff (6), etc., dans la Méditerranée. M. de Monterosato cite encore l'espèce de Michaud dans l'Adriatique et dans l'Archipel grec.

Nous n'avons pas retrouvé dans les anciennes collections de Michaud son véritable type. Mais nous avons eu communication, par les soins de M. Lacroix, directeur du Musée de Mâcon, d'un petit carton portant écrit de la main de Michaud les deux noms synomyques de *Rissoa membranacea* et *R. fragilis*, l'un au-dessous de l'autre. Ces deux échantillons ainsi dénommés sont deux *Rissoa membranacea*, jeunes, abso-

<hr>

(1) Desmarest, 1814. *Description des coquilles genre Rissoa, in Bull. Soc. Philom. Paris*, p. 7, pl. 2, fig. 3.

(2) Adams, 1796. *In Transact. Linn. Soc. Lond.*, V, p. 2, pl. IX, fig. 14, 15 *(Turbo membranaceus)*. — Locard, 1886. *Prodrome*, p. 253 *(Zippora membranacea)*.

(3) Monterosato, 1884. *Nomencl. gener. conch. Méditer.*, p. 54.

(4) Locard, 1886. *Prodrome*, p. 254.

(5) Petit de la Saussaye, 1869. *Catal. mollusques test. mers d'Europe*, p. 217.

(6) Weinkauff, 1868. *Conchylien des Mittelmeeres*, II, p. 289.

lument océaniques, quoique inscrits sous la rubrique méditerranéenne, au galbe court, renflé, avec de grosses côtes, ne ressemblant nullement à la figuration donnée pour le *Rissoa fragilis ;* il y a là une erreur évidemment manifeste, car le type méditerranéen est bien plus allongé et les côtes sont à peine sensibles.

RISSOA MARGINATA

1832. *Description nouv. esp. coq, genre Rissoa,* 2º édit., p. 13, pl., fig. 15 et 16.

Chez cette espèce, comme l'a très bien dit Michaud, le dernier et l'avant-dernier tour sont seuls ornés de côtes longitudinales, et encore celles du dernier tour sont-elles très atténuées, comme obsolètes dans le bas. Ce caractère si particulier ne ressort nullement sur la figure qui accompagne cette description, car, contrairement à la diagnose, les premiers tours sont ornés et le dernier tour est lisse. Cette espèce a été mieux figurée par Schartz von Mohrenstern (1). C'est une forme assez rare, surtout localisée, très typique et qui ne saurait être confondue avec aucun autre de ses congénères. Souvent il existe, un peu avant l'ouverture, une large tache blanche, comme nacrée qui remonte jusqu'à la suture et qui s'atténue dans le bas ; nous désignerons cette variété sous le nom de *maculata.* Enfin nous avons observé des sujets chez lesquels le péristome est d'une belle teinte violacée. Nous les distinguerons sous le nom de *var. violacea.*

Nous ne connaissons cette espèce que dans la Méditerranée. M. de Monterosato l'indique avec un point de doute dans l'Adriatique (2). Ce même auteur fait rentrer cette espèce

(1) Schwartz von Mohrenstern, 1864. *Ueber Familie den Rissoiden,* p. 29, pl. II, fig. 16.
(2) Monterosato, 1875. *Nuova revista conchiglie Mediterranee,* p. 26. — 1884. *Nomencl. gen .spec. conch. Medit ,* p. 55.

dans le genre *Sabanea* de Leach (1). Dans notre *Prodrome*
nous l'avons maintenue parmi les *Rissoia* (2).

RISSOA CINGILUS

1832. *Description nouv. esp. coq. genre Rissoa*, 2ᵉ édit., p. 14, pl., fig. 19 et 20.

Michaud assimile, avec un point de doute, son espèce au
Turbo cingilus de Donovan (3) et lui donne pour habitat la
Méditerranée, où, dit-il, elle serait abondante. Un carton du
Muséum de Lyon, portant quatre petites coquilles étiquetées
de la main de Michaud, *Rissoa cingilus*, est également indiqué
comme provenant de la Méditerranée. Plusieurs auteurs,
Requien, Petit de la Saussaye, Forbes, Jeffreys, Weinkauff (4)
ont également signalé cette même espèce comme se trou-
vant sur plusieurs points de la Méditerranée ou de la mer
Egée, et pourtant, comme l'a fait observer M. de Monterosato (5), aucune de ces citations n'a été bien sérieusement
contrôlée. Le véritable *Turbo cingilus* de Montagu, ou mieux
le *Cingula cingilla* (6) est une forme particulièrement océanique, qui vit également dans la Manche, mais que nous ne
connaissons absolument pas d'une manière positive dans la
Méditerranée. Les quatre échantillons du Muséum de Lyon
sont cependant bien des *Cingula cingilla*, absolument identi-

(1) Leach, 1819. *Mss., tes'e*, Gray, 1849. *In Proceed. zool. Soc. London*, p. 152, 159.

(2) Locard, 1886. *Prodrome*, p. 258.

(3) C'est évidemment par erreur que Michaud a attribué le *Turbo cingilus* à Donovan. Ce nom a été créé par Montagu (1803. *Testacea Britannica*, II, p. 328, pl. XII, fig. 7. — 1808. *Supplément*, p. 125) On remarquera que ce nom doit s'écrire *cingillus* et non *cingilus* comme l'écrit Michaud.

(4) Requien, 1848. *Catal. coq. Corse*, p. 55.

Petit de la Saussaye, 1869. *Catal. Moll. test. mers d'Europe*, p. 219.

Forbes, 1843. *Report Mollusca Ægean sea*, p. 135.

Jeffreys, 1855. *On the marine Testacea Piedmontese coast.*, p. 41.

Weinkauff, 1868. *Conch. des Mittelmeeres*, II, p. 283.

(5) Monterosato, 1864. *Nom. gen. spec. conch. Medit.*, p. 67.

(6) *Cingula cingilla*, Montagu, *in* Locard, 1886. *Prodrome*, p. 264.

ques aux types océaniques. Nous nous demandons s'il n'y aurait pas lieu d'admettre définitivement le *Cingula cingilla* dans la liste des coquilles méditerranéennes. Mais, si cela est, il n'en reste pas moins bien certain qu'il s'agit alors d'une forme rare, absolument localisée et non abondante comme le prétend Michaud.

Mais quelle dénomination générique et spécifique convient-il de donner à cette coquille, de quelque provenance qu'elle soit? Avec Fleming (1) nous l'avions rangée dans le genre *Cingula* de cet auteur. M. le marquis de Monterosato (2), pour cette espèce et pour le *Rissoa picta* de Watson (3), a créé une coupe nouvelle, celle des *Cingilla*. En outre, il rapproche cette forme du *Turbo trifasciatus* d'Adams (4). Nous ne connaissons pas le véritable type de l'auteur; mais, d'après ses figurations, il semble qu'il s'agit là bien plutôt d'une coquille de la famille des *Eulimidæ* que d'une forme de *Rissoiidæ*. D'autre part, écrire *Cingula cingillus*, ou *Cingilla cingilla* constitue un singulier pléonasme. Puisqu'il est reconnu que le *Turbo vittatus* de Donovan (5) est un synonyme du *Turbo cingillus* de Montagu, et que ces deux espèces ont été créées la même année, et peut-être même celle de Donovan un peu avant celle de Montagu, nous proposons d'écrire définitivement *Cingula vittata* (6) pour désigner cette petite forme océanique, tout en gardant encore quelques points de doute pour son habitat méditerranéen.

(1) Fleming, 1828. *A History of British animals*, p. 300.

(2) Monterosato, 1884. *Nom. gen. spec. conch. Médit.*, p. 67.

(3) Watson, 1873. *In Proceed. zool. Soc. London*, p. 381, pl. XXXV, fig. 18.

(4) Adams, 1798. *In Trans. Linn. Soc. London*, V, pl. I, fig. 13, 14. — 1845. *Édition* Chenu, p. 14, pl. V, fig. 16 et 17.

(5) Donovan, 1803. *British Shells*, V, pl. CLXXVIII, fig. 1.

(6) Dans notre *Prodrome* (p. 264) nous avons inscrit cette espèce sous le nom de *Cingula cingilla*, avec la note *nomen mutandum ob pleonasmum*.

RISSOA FULVA

1832. *Description nouv. esp. coq. genre Rissoa*, 2ᵉ édit., p. 15, pl., fig. 17 et 18.

Le *Rissoa fulva* de Michaud a été décrit, dès 1796, par Adams (1), sous le nom de *Turbo ruber*. Le type de Michaud provenait de la Méditerranée, celui d'Adams des côtes d'Angleterre ; mais malgré cette différence d'habitat ces deux formes sont bien exactement les mêmes. La figuration donnée par Michaud est très médiocre, car elle ne fait pas assez ressortir les caractères différentiels qui existent entre les *Rissoa cingilus* et *R. fulva*. Michaud ne paraît avoir connu ni l'animal que renfermait cette petite coquille, ni l'opercule qui servait à la clore, car bien certainement il aurait constaté que cet animal et son opercule étaient différents de ceux des véritables *Rissoia ;* de là la création du genre *Barlecia* (2), faite spécialement pour cette espèce et aujourd'hui admis par tous les naturalistes. Le *Barleeia rubra* (3) vit dans toutes nos mers ; c'est une espèce commune, qui présente de nombreuses variations, basées surtout sur la coloration et sur le mode d'ornementation. Il en existe de très nombreuses figurations (4).

RISSOA CRENULATA

1832. *D. scription nouv. esp. coq. genre Rissoa*, 2ᵉ édit., p. 15, pl., fig. 1 et 2.

Cette espèce, comme la précédente, avait été déjà décrite

(1) Adams, 1795. *In Transact. Linn. Soc. London*, III, p. 64, pl. XIII, fig. 21, 22. — 1845. *Édition* Chenu, p. 6, pl. II, fig. 21, 22.

(2) Clark, 1855. *Hist. of British testaceous mollusca*, p. 391.

(3) Chenu, 1859. *Manuel de conchyliologie*, I, p. 308, fig. 2187. — Locard, 1886. *Prodrome*, p. 272.

(4) Forbes et Hanley, 1853. *British conchology*, III, p. 120, pl. LXXVIII, fig. 4-5 *(Rissoa rubra)*. — Sowerby, 1859. *Illustrated index*, pl. XIV, fig. 12 *(Barleeia rubra)*. — Jeffreys, 1867-1869. *British conchology*, IV, p. 56, pl. I, fig. 2 ; V, p. 209, pl. LXIV, fig. 4 *(B. rubra)*. — Bucquoy, Dautzenberg et Dollfus, 1884. *Mollusques du Roussillon*, I, p. 315, pl. XXXII, fig. 21, 22 *(B. rubra)*.

antérieurement ; c'est le *Turbo cancellatus* de da Costa (1) ;
il ne saurait y avoir le moindre doute à cet égard ; c'est une
espèce qui vit dans toutes nos mers et qui y est même assez
fréquente. Michaud compare son type qu'il a pris en Corse
et sur les côtes de Cette et d'Agde, au *Turbo cancellatus* de
Lamarck (2), ou *Rissoa cancellata* de Desmarest (3). Mais cette
espèce qui est voisine du *Turbo cancellatus* de da Costa, en
est cependant différente ; c'est le *Turbo cimex* de Linné (4),
c'est-à-dire l'*Alvania cimex (melius cimicina)* de tous les
auteurs (5).

C'est Michaud qui le premier a fait ressortir les caractères
aperturaux si particuliers chez cette espèce, c'est-à-dire
l'existence d'une columelle unidentée; cette denticulation
n'apparaît que chez les exemplaires bien adultes. M. le marquis de Monterosato (6) s'est tablé sur ces caractères pour
établir son genre *Acinopsis*.

Il est à remarquer que dans le principe les auteurs anglais
n'ont pas reconnu l'espèce de da Costa ; ils l'ont tous confondu avec le *Turbo cimex* (7). Ce n'est que beaucoup plus
tard, en 1853, croyons-nous, que la séparation du *Turbo
cancellatus* de da Costa avec le *Turbo cimex* de Linné a été
faite par Forbes et Hanley (8), et qu'en même temps ces auteurs ont reconnu l'identité du type de Michaud avec celui
de da Costa ; jusqu'alors le nom donné par Michaud semblait
prévaloir (9). Il existe de nombreuses et bonnes figurations

(1) Da Costa, 1779. *British conchology*, p. 104, pl. VIII, fig. 6 et 9.

(2) Lamarck, 1822. *Hist. nat. anim. sans vert.*, VII, p. 49. — 1843. *Édition* Deshayes, IX, p. 218. — Deshayes estime que le *Turbo cancellatus* de Lamarck est le *Rissoa lactea* de Michaud.

(3) Desmarest, 1814. *Descript. Rissoa, in Bull. Soc. Philom. Paris*, p. 8, pl. I, fig. 5.

(4) Linné, 1758. *Systema naturæ*, édit. X, p. 761.

(5) Locard, 1886. *Prodrome*, p. 239.

(6) Monterosato, 1884. *Nom. gen. spec. conch. Médit.*, p. 63.

(7) Donovan, 1799. *British Shells*, I, pl. II, fig. 1. — Montagu, 1803. *Testacea Britannica*, p. 315. — Turton, 1819. *Conchological dictionnary*, p. 210. — Fleming, 1828. *History British animals*, p. 305. — Thorpe, 1844. *British marine conchology*, p. 174. — Etc.

(8) Forbes et Hanley, 1853. *History British mollusca*, III, p. 80.

(9) Deshayes, 1838. *In* Lamarck, *Anim. sans vert.*, 2ᵉ édit., VIII, p. 465. — Philippi, 1844.

de cette espèce. On a cité, à son propos, un assez grand nombre de variations *ex-forma* et *ex-colore*.

RISSOA TROCHLEA

1832. *Description nouv. esp. coq. genre Rissoa*, 2ᵉ édit., p. 16, pl., fig. 3 et 4.

Sous le nom de *Rissoa trochlea*, Michaud a décrit et bien mal figuré une espèce connue déjà, dès 1779, sous le nom de *Turbo carinatus* par da Costa (1). Nous en avons vu plusieurs échantillons parfaitement caractérisés, dans la collection de M. E. Michaud. Nous devons avouer que les deux figurations données par l'auteur sont aussi déplorables l'une que l'autre, et bien peu faites pour la compréhension de l'espèce ; la description donnée par da Costa est, au contraire, très bonne et très exacte. Nous retrouvons cette même coquille, bien exactement figurée par Montagu (2), sous le nom de *Turbo striatulus*, dénomination déjà employée par Linné (3) pour une autre coquille, comme l'a démontré Hanley (4). Cependant ce nom a longtemps prévalu et la plupart des auteurs anglais (5) ont décrit et figuré cette même espèce sous le nom de *Cingula* ou *Rissoa striatula*. Avec MM. Brusina et Bucquoy, Dautzenberg et Dollfus (6) nous maintien-

Enum. moll. Siciliæ, II, p. 126. — Petit de la Saussaye, 1852. *In Journal conchyliologie*, III, p. 85. — Jeffreys, 1856. *Marine Test. Piedmonte coast.*, p. 28. — Sowerby, 1859. *Illustrated index*, pl. XIII, fig. 8. — Chenu, 1859. *Manuel de conchyliologie*, I, p. 307, fig. 2182. — Brusina, 1866. *Contribuzione pella fauna Dalmati*, p. 25. — Weinkauff, 1866. *Conch. des Mittelmeers*, II, p. 301, etc.

(1) Da Costa, 1778. *British conchology*, p. 102, pl. VIII, fig. 10.

(2) Montagu, 1803. *Testacea Britannica*, p. 306, pl. X, fig. 5.

(3) Linné, 1758. *Systema naturæ*, édit. X, p. 765. — 1765. *Loc. cit.*, Édit XII, p. 1238.

(4) Hanley, 1855. *Ipsa Linnæi conchylia*, p. 241.

(5) Fleming, 1828. *History British animals*, p. 305 *(Cingula striata)*. — Brown, 1827. *Illustrations recent conchology*, p. 17, pl. XLVI, fig. 33, 34 *(Littorina striatula)*. — Forbes et Hanley, 1853. *History British mollusca*, III, p. 73, pl. LXXIX, fig. 7-8 *(Rissoa striatula)*. — Sowerby, 1853. *Illustrated index*, pl. XIII, fig. 5 *(Rissoa striatula)*. — Jeffreys, 1867-1869. *British conchology*, IV, p. 5 ; V, p. 206, pl. XLVI, fig. 1 *(Rissoa striatula)*.

(6) Brusina, 1866. *Contribuzione pella fauna Dalmati*, p. 27 *(Alvania carinata)*. — Bucquoy, Dautzenberg et Dollfus, 1884. *Mollusques Roussillon*, p. 301, pl. XXV, fig. 1-2 *(tantum)* *(Rissoa carinatu)*.

drons, en vertu des principes de la priorité, le nom proposé
par da Costa. M. le marquis de Monterosato a créé pour cette
espèce le genre *Galeodina* (1). Dans notre *Prodrome*, nous
l'avons inscrite dans un groupe à part des *Alvania* (2), en
plaçant à côté d'elle l'*Alvania Russinoniaca* si nettement
distinct et si bien caractérisé par son mode d'ornementation tout différent.

RISSOA EXIGUA

1832. *Description nouv. esp. coq. genre Rissoa*, 2ᵉ édit., p. 18, pl., fig. 29 et 30.

La dénomination de *Rissoa exigua* proposée par Michaud (3)
pour une de nos plus élégantes petites *Rissoiidæ*, doit encore
passer en synonymie. En effet, il est aujourd'hui bien démontré qu'il s'agit ici du *Turbo costatus* d'Adams (4), publié
en Angleterre dès 1796. C'est, croyons-nous, Philippi (5),
qui le premier fit ce rapprochement, confirmé depuis lors
par nombre d'auteurs. Ce même naturaliste avait créé en 1836
un *Rissoa carinata* (6) qu'il ne faut pas confondre avec l'espèce de même nom signalée antérieurement par da Costa (7).
Chenu (8) a donné les figurations de ces deux espèces, et
cependant Philippi lui-même, dans la table des matières de
son second volume, reconnaît qu'elles sont identiques. Mais
en réalité c'est Deshayes (9) qui le premier a fait le rappro-

(1) Monterosato, 1884. *Nomencl. gen. spec. conch. Medit.*, p. 65.

(2) Locard, 1886. *Prodrome*, p. 248 et 574.

(3) En réalité, c'est Charles Desmoulins qui, ainsi que Michaud nous l'apprend, a dénommé
le premier cette espèce, dans ses collections.

(4) Adams, 1796. *In Transact. Linn. Soc. London*, III, p. 65, fig. 13 et 14. — 1845. *Édit.*
Chenu, p. 6, pl. I, fig. 13 et 14.

(5) Philippi, 1844. *Enumeratio molluscorum Siciliæ*, II, p. 125.

(6) Philippi, 1836. *Loc. cit.*, I, p. 150, pl. X, fig. 10.

(7) Da Costa, 1779. *British conchology*, p. 102, pl. VIII, fig. 10 *(Turbo carinatus)*.

(8) Chenu, 1859. *Manuel de conchyliologie*, I, p. 307, fig. 2178 et 2179.

(9) Deshayes, 1838. *In Lamarck, Anim. sans vert.*, 2ᵉ édit., VIII, p. 481.

chement des trois espèces, *Turbo costatus*, *Rissoa exigua* et *Rissoa carinata*.

Michaud signalait son espèce en Corse, sur les côtes françaises de la Méditerranée, et dans la Manche sur les côtes de Bretagne. C'est en effet une forme extrêmement répandue, puisqu'elle s'étend depuis les côtes de la Norvège jusqu'aux îles Madère et Canaries. On l'a signalée dans l'Adriatique et sur les côtes d'Algérie. Cette coquille a été figurée par un grand nombre d'auteurs. Quoique peu polymorphe, nous lui connaissons des *var. major, minor, ventricosa, elongata, viridula, albida*, etc. Se basant sur les caractères aperturaux si particuliers qu'offre cette coquille, M. Spiridion Brusina a créé pour elle un genre *Manzonia* (1) que quelques auteurs ont adopté. Nous l'avons maintenue dans notre *Prodrome* parmi les *Alvania* (2).

RISSOA MINUTISSIMA

1832. *Description nouv. esp. coq. genre Rissoa*, 2e édit., p. 20, pl., fig. 27 et 28.

D'après la figuration, comme d'après la description, il ne saurait y avoir de doute au sujet de l'identification de cette espèce avec le *Turbo striatus* de Montagu (3) que nous avons inscrit dans notre *Prodrome* sous le nom de *Cingula striata* (4). Michaud indique son habitat en Corse, à Cette, à Agde et sur les côtes de Bretagne. On peut se demander si le véritable *Cingula striata* vit bien en réalité dans la Méditerranée ; car c'est une forme particulièrement océanique, même assez répandue sur nos côtes, et que l'on retrouve non seulement

---

(1) Brusina, 1870. *Ipsa Chiereghini conchylia*, p. 201 et 202 ; les caractères du genre ont été établis par Manzoni en 1868, *In Journal de conchyliologie*, p. 254.

(2) Locard, 1886. *Prodrome*, p. 249.

(3) Montagu, 1803. *Testacea Britannica*, II, p. 312.

(4) Locard, 1886. *Prodrome*, p. 265.

en Angleterre, mais comme nous l'apprend G.-O. Sars (1),
jusque dans le nord de la Norvège. Nous avons retrouvé
dans les galeries du Muséum de Lyon un petit carton portant
six échantillons étiquetés *Rissoa minutissima* par Michaud,
avec l'indication « Méditerranée ». Ce sont bien incontestablement des *Cingula striata*, si nettement caractérisés par
leur mode d'ornementation. Mais les échantillons de Michaud
comparés à des types du Nord constituent une variété plus
petite, plus courte, plus trapue, un peu intermédiaire entre
le *Cingula striata* et le *C. semistriata* (2). Nous inscrirons
désormais la forme méditerranéenne de Michaud sous le nom
de *Cingula striata, var. minutissima*.

Plusieurs auteurs ont du reste signalé cette forme dans la
Méditerranée ; mais peut-être aussi est-ce comme nous l'a-
vons fait, sur les indications de Michaud (3). M. le marquis
de Monterosato applique à cette espèce le nom générique de
Onoba (4), proposé par H. et A. Adams.

RISSOA PYGMÆA

1832. *Description nouv. esp. coq. genre Rissoa*, p. 21, pl., fig. 25 et 26.

Il existe deux *Rissoa pygmœa*. Le premier en date est celui
de Michaud ; le second a été créé en 1836 par Philippi (5).

---

(1) G.-O. Sars, 1878. *Mollusca regionis arcticæ Norvegiæ*, p. 172.

(2) Montagu, 1808. *Testacea Britannica, Suppl.*, p. 136 pl. XXI, fig. 5.

(3) Forbes, 1843. *Report mollusca Ægean sea*, p. 137 *(Rissoa striata)*.

Requien, 1848. *Catalogue coquilles Corse (Rissoa minutissima;* l'auteur indique, outre
le type, les *var. alba, lineata elongata;* cette *var. elongata* correspondrait au type du *Cingula striata)*.

Petit de la Saussaye, 1852. *In Journal conchyliologie*, III, p. 87 *(Rissoa minutissima. —
Cette, Agde, d'après Michaud)*.

Weinkauff, 1868. *Conchylien des Mittelmeers*, II, p. 284 *(Cingula striata)*.

Petit de la Saussaye, 1869. *Catal. moll. testacés mers d'Europe*, p. 220 *(Rissoa striata)*.
— Zones polaire, boréale, britannique et méditerranéenne ; il manquerait dans la zone celtique).

Dubreuil, 1877. *Promenades d'un naturaliste de Cette à Aigues-Mortes*, p. 54 *(Rissoa
minutissima;* reproduction de la description de Michaud).

(4) Monterosato, 1884. *Nom. gen. spec. conch. Médit.*, p. 67.

(5) Philippi, 1836. *Enum. moll. Sicil.*, I, p. 152. — 1844. *Loc. cit.*, II, p. 130.

Or, ces deux espèces sont absolument différentes. Le *Rissoa pygmœa* de Philippi n'est autre que l'*Helix fulgida* d'Adams (1) dont nous avons fait dans notre *Prodrome*, avec Thorpe (2), le *Cingula fulgida*. Quant au *Rissoa pygmœa* de Michaud, nous le retrouvons dans le *Rissoa punctulum* de Philippi (3) qui à son tour rentre en synonymie de l'*Helix glabrata* de Megerle von Mühlfeld (4), comme Philippi l'a reconnu plus tard (5). Sur un carton du Muséum de Lyon, nous constatons que Michaud lui-même a inscrit au-dessous de l'étiquette qui porte le nom de *Rissoa pygmœa* Michaud, celui de *R. punctulum* Philippi. Nous devons toutefois reconnaître que, si nous n'avions sous les yeux que les deux figurations données par ces auteurs pour comparer leur espèce nous n'hésiterions pas à les considérer comme absolument différentes; mais l'examen des échantillons de la collection de Michaud avec d'autres bons types méditerranéens ne laisse pas subsister le moindre doute à cet égard. M. le marquis de Monterosato a créé pour cette espèce le genre *Pisinna* (6). Dans notre *Prodrome* (7), nous l'avons maintenu parmi les *Cingula*.

PLEUROTOMA CORBIS

Potiez et Michaud, 1837-1838. *Galerie des Mollusques de Douai*, I, p. 444, pl. XXXV, fig. 1 et 2.

Pour terminer cette étude critique des espèces marines de France créées par Michaud, nous avons encore à parler d'une espèce décrite dans la *Galerie des mollusques de Douai* et qui

---

(1) Adams, 1796. *In Trans. Lin. Soc. London*, III, p. 254.

(2) Thorpe, 1844. *British marine conchology*, p. 43 et 255, pl. III, fig. 50. — Locard, 1886. *Prodrome*, p. 267.

(3) Philippi, 1836. *Enum. moll. Sicil.*, I, p. 154, pl. X, fig. 11.

(4) Megerle von Mühlfeld, 1824. *In Verh. Berl. Gesellsch.*, I, p. 318, pl. III, fig. 10.

(5) Philippi, 1844. *Enum. Moll. Sicil.*, II, p. 130.

(6) Monterosato, 1878. *Enumeratio e sinonimia*, p. 26. — 1884. *Nom. gen. spec. conch. Médit.*, p. 68.

(7) Locard, 1886. *Prodrome*, p. 267.

est fort peu connue. Grâce à l'extrême complaisance de
M. Gosselin, directeur du Musée de Douai, nous avons eu
communication de ce type et nous pouvons enfin en parler
avec parfaite connaissance de cause. L'unique échantillon du
musée de Douai est un *Clathurella* (1). Il répond absolument
au *Clathurella contigua* de M. le marquis de Monterosato (2).
Toutefois, nous devons déclarer que cet échantillon est malheureusement un peu incomplet ; l'individu examiné à la
loupe nous laisse voir qu'il a eu jadis ses trois premiers tours
de spire brisés, car nous ne comptons plus que cinq tours à
cinq tours et demi, au lieu des six à sept que Potiez et Michaud ont comptés par restitution. Mais comme galbe, comme
allure, comme mode d'ornementation, nous ne saurions séparer ces deux espèces. La dénomination proposée par Potiez
et Michaud étant la plus ancienne, nous inscrirons désormais
cette espèce sous celle de *Clathurella* ou *Philbertia corbis*.

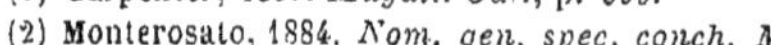

(1) Carpenter, 1857. *Magall. Cal.*, p. 399.
(2) Monterosato, 1884. *Nom. gen. spec. conch. Médit.* p. 133.

TABLE ALPHABÉTIQUE

DES NOMS DE GENRES ET D'ESPÈCES CITÉS DANS CE TRAVAIL.

NOTA. — Les noms inscrits en caractères *italiques* se rapportent aux espèces instituées par Michaud.

www.ingramcontent.com/pod-product-compliance
Ingram Content Group UK Ltd.
Pitfield, Milton Keynes, MK11 3LW, UK
UKHW022343120726
13694UKWH00004B/1651